AF451874

COURS D'AGRICULTURE

DE BORDEAUX

DÉPARTEMENT DE LA GIRONDE. — ENSEIGNEMENT AGRICOLE

Professeur : M. Aug. PETIT-LAFITTE.

DISCOURS D'OUVERTURE

ET

PROGRAMME DES LEÇONS

DE L'EXERCICE 1868-69

du

COURS D'AGRICULTURE DE BORDEAUX

BORDEAUX

CHEZ CODERC, DEGRÉTEAU ET POUJOL

(Maison LAFARGUE)

Rue du Pas-Saint-Georges, 28

——

1868

A SON EXCELLENCE

MONSIEUR

DE FORCADE LA ROQUETTE

MINISTRE DE L'AGRICULTURE

DU COMMERCE ET DES TRAVAUX PUBLICS

Monsieur le Ministre,

En prenant la liberté de faire à Votre Excellence l'hommage respectueux du récit de l'une des tentatives agricoles les plus hardies et les plus retentissantes du siècle dernier, je m'adresse, je l'avoue, bien moins au Ministre d'un grand Empire, qu'au Président du Comice agricole de l'arrondissement de la Réole, qu'au Président de l'Enquête agricole, dont j'eus l'honneur de partager les travaux dans la Gironde, le Lot-et-Garonne et la Dordogne.

Si votre Excellence daigne, à tous ces titres, accepter cet hommage, ce sera pour moi une circonstance qui marquera dans la longue carrière d'enseignement que j'ai déjà parcourue, que le premier, dans les départements, j'ai eu l'honneur d'inaugurer.

Je suis, avec respect,

MONSIEUR LE MINISTRE,

de Votre Excellence,

Le très-humble et très-obéissant serviteur,

AUG. PETIT-LAFITTE.

Bordeaux, le 10 Novembre 1868.

DÉPARTEMENT DE LA GIRONDE. — ENSEIGNEMENT AGRICOLE
Professeur : M. Aug. PETIT-LAFITTE.

DISCOURS D'OUVERTURE

ET

PROGRAMME DES LEÇONS DE L'EXERCICE 1868-69

du

COURS D'AGRICULTURE DE BORDEAUX

LE SYSTÈME DE JÉTHRO TULL,

dit LA NOUVELLE CULTURE,

principalement dans le pays bordelais,
au siècle dernier.

> « Les agricoles qui ont voulu suppléer aux
> » engrais par des labours trop fréquemment
> » répétés, ont vu leurs terres s'appauvrir gra-
> » duellement et leurs champs devenus stéri-
> » les, par la destruction de la terre végé-
> » tale. » (De Saussure *le Père.*)

Sous l'influence d'idées, beaucoup moins répan-
dues il est vrai aujourd'hui qu'autrefois, il est
des personnes qui croient encore l'agriculture dans
l'enfance, supposent que jamais rien n'a été fait
pour la perfectionner et considèrent, comme complètement nouvelles, les tentatives plus ou moins
fondées, plus ou moins heureuses, accomplies de
nos jours dans ce but.

Si l'histoire de l'agriculture avait été écrite ; si l'on avait recueilli et enregistré les faits qui lui sont particuliers, comme on a recueilli et enregistré ceux de la politique, certes une telle méprise ne pourrait avoir lieu et plus de justice serait rendue à ceux qui nous ont précédé.

Mais, à défaut de cette histoire, il semblerait cependant assez naturel, assez raisonnable de penser que l'art qui nourrit les hommes, qui les a civilisés, qui a été de tout temps le but le plus constant et le plus général de leurs occupations, a dû nécessairement aussi fixer leur attention, exciter leurs intérêts, provoquer leur émulation.

Il serait raisonnable de penser, effectivement, qu'en vue de ses indispensables résultats, des tentatives ont dû être faites, pour conformer aux lois de la nature, sous l'influence desquelles il s'exerce, les pratiques qu'il peut admettre, selon les localités diverses ; pour rendre plus abondants, de meilleure qualité et plus sûrs les produits qu'il peut donner.

En réalité, il n'est pas d'époque, il n'est pas de pays qui n'aient été témoins de ces sortes de tentatives.

En réalité aussi, et vu cette ancienneté et cette universalité, il est arrivé bien souvent qu'on s'est trompé, qu'on a fait fausse route ; qu'on n'a pu changer complètement, malgré les meilleures intentions , et les plus séduisantes apparences , ce qu'avaient maintenu, ce qu'avaient sanctionné l'observation et l'expérience des siècles.

Ce que proposa il y a environ un siècle , l'anglais Jéthro Tull ; ce qu'appuyèrent avec énergie et talent, en France Duhamel du Monceau, en Suisse, Lullin de Châteauvieux, etc... ; enfin ce que l'on appela le *système de Tull*, et plus simplement la *nouvelle culture*, est une preuve éclatante de l'impossibilité de changements radicaux en agriculture, de l'inconséquence de semblables tentatives et des dangers qui peuvent les suivre.

Pour bien comprendre le caractère et la portée des faits que nous allons exposer, jetons d'abord un coup d'œil sur l'état de l'agriculture à la fin du XVIIe siècle et au commencement du XVIIIe. Pas plus dans la spécialité qui nous occupe, que dans toute autre , les faits pour aussi grands qu'il soient, ne se produisent tous seuls, et l'état du milieu dans lequel ils se manifestent doit toujours être pris en sérieuse considération.

Le Type de l'ancienne agriculture des Romains, qui n'était lui-même que celui des Grecs et plus anciennement encore que celui des Egyptiens ; ce

type que résument si complètement et si poétique-
ment les Géorgiques de Virgile (1), s'était conservé
à peu près intact dans tout le midi de l'Europe
Italie, Espagne, Portugal, France, etc... Dans le
Nord, il avait dû subir des modifications imposées
par le climat ; mais là encore on en reconnaissait
les traces, on pouvait en suivre la tradition. C'é -
taient les corporations religieuses qui l'avaient, au
milieu des troubles et des désordres du moyen âge,
conservé et propagé : se livrant elles-mêmes, comme
le dit le savant Tessier, au défrichement des terres
avec un zèle et une intelligence dont on a, depuis,
toujours ressenti les effets.

En France, l'agriculture, longtemps assoupie,
s'était réveillée sous le règne de Henri IV, au XVIe
siècle, favorisée par la paix qu'avait établie ce grand
roi, par la protection spéciale qu'il avait accordée
aux *rustiques*, comme on le disait alors ; par la
publication de l'immortel ouvrage d'Olivier de

---

(1) Nous habitants du Midi, ne faisons peut-être pas du
livre de Virgile tout le cas qu'il mérite. En mettant de côté la
poésie justement admirée, il reste encore le résumé le plus
complet et le plus exat de l'agriculture des anciens; de l'agriculture qui était exercée dans des climats analogues au nôtre
et dont les Romains, conduits par Jules César, nous apportè-
rent les principes.

(9)

Serres, *Le Théâtre d'agriculture et mesnage des champs* (1), par les principes économiques de Sully. Mais elle était bien retombée sous les règnes suivants, Louis XIII, Louis XIV, et quand commença le XVIII° siècle bien des efforts étaient à faire pour la mettre au niveau, tant des besoins auxquels elle devait satisfaire, que du degré de développement qu'avaient attein: les autres connaissances humaines.

Toujours considérée comme condition de tout système d'exploitation, la culture des céréales, du froment, était l'objet essentiel pour lequel on mettait en œuvre toutes les autres dépendances de l'exploitation.

Dans tout le midi de l'Europe, on était resté strictement fidèle au *système biennal* : une année céréale d'hiver, une année jachère, recommandé par Virgile :

Qu'un vallon moissonné dorme un an sans culture;
Son sein reconnaissant te paie avec usure.

---

(1) A propos de ce livre, on lit dans Scaliger : « Le Roi, » trois ou quatre mois durant après qu'on le lui eût présen- » té, se le faisait apporter et lire pendant une demi-heure » après son diner. » Auguste avait agi de même à l'égard des Géorgiques de Virgile.

Dans le Nord, le climat avait permis d'allonger cette rotation d'une année, de la porter à trois. C'était le *système triennal*, déjà recommandé par les capitulaires de Charlemagne : une année céréale d'hiver, une année céréale de printemps, une année jachère.

Mais, de part et d'autre, ces systèmes paraissaient appauvrir le sol, les rendements étaient faibles, et en outre, des affections redoutables prenaient, pour le froment, un caractère épidémique de plus en plus alarmant :

De plus tristes fléaux viennent frapper ma vue,
Leur venin est mortel, leur source est inconnue.
Le feuillage altéré, les épis infectés
Me présentent des grains en naissant avortés.
Là, noir et desséché, l'épi tombe en poussière.
. . . . (1)

---

(1) Cette citation, extraite d'un poëme qui marqua aussi les premières années du XVIIIᵉ siècle : *Les Géorgiques françaises*, par Rosset, résume suffisamment un sujet sur lequel nous avons dû, ailleurs, entrer dans de plus longs détails.

Disons cependant ici, qu'il sagit du charbon et de la carie à l'égard desquels l'Académie des Sciences de Bordeaux, la première, avait provoqué la recherche d'un remède, en 1752. Ajoutons que ce remède fut trouvé par un Bordelais, Tillet, alors directeur de la Monnaie à Troyes. Remède qui n'est autre que la préparation de la semence, au moyen de la chaux ou du vitriol : *le chaulage* ou le *vitriolage* de nos jours.

C'est encore à ces mêmes temps , autre signe des nécessités sous lesquelles ils se trouvaient placés , qu'il faut faire remonter le début de la capitale amélioration réalisée par les prairies dites artificielles.

Le poëte déjà cité mentionne ainsi cet heureux changement , d'abord signalé en France par de Lassalle de l'Étang (1) et par Ch. Patullo (2) :

Adoptez avec choix cette sage industrie
Qui met le quart des fonds tour-à-tour en prairies,
Et joint en mème temps aux dons de vos guérets,
Des près pour les troupeaux, pour les champs des engrais.

En Allemagne, Schübart, que l'Empereur Joseph II créa Baron de *Kleefeld* (champ de trèfle), accomplissait aussi, pour la propagation de cette utile plante, les travaux qui ont fait dire à Thaër , « que l'histoire consignerait le nom de ce grand agronome en caractères ineffaçables parmi ceux des bienfaiteurs du genre humain (3). »

---

(1) *Des prairies artificielles, des moyens de perfectionner l'agriculture dans toutes les provinces de France* , etc. Paris, 1756.

(2) *Essai sur l'amélioration des terres.* Paris. 1758.

(3) Voici le tableau que traçait Schübart, de l'agriculture de son pays, au temps de ses expériences sur le trèfle. » A part un foin acide et de mauvaise qualité , le cultivateur

Disons aussi que le règne de Louis XIV, d'ailleurs si glorieux pour la France, avait été un des plus féconds en disettes souvent désastreuses. C'est durant celle de 1709-1710, causée par des froids excessifs, qu'on avoit vu le roi vendre pour 400,000 francs, de sa vaisselle plate, afin de procurer du pain à ses sujets, et Mme de Maintenon se réduire, pour le même motif, au pain d'avoine. Sous la régence et sous Louis XV, ces accidents avaient été aussi fréquents : soit d'une manière générale pour tout le pays, soit en particulier pour certaines provinces. A Bordeaux notamment, on en avait souffert beaucoup en 1747 et 1748.

Voilà en quel état étaient les choses, quand pa-

» n'avait d'autre fourrage d'hiver qu'un peu de navets, de
» carottes, de choux et de pommes de terre, et le tout en
» faible quantité, car les terres ne voulaient plus rien don-
» ner. Cette nourriture parcimonieuse était distribuée avec
» plus de parcimonie encore, et, une fois consommée, le
» bétail devait se contenter de paille d'orge, d'avoine et de
» pois. Aussi le lait, le beurre et le fromage étaient-ils peu
» abondants et de mauvaise qualité. On attendait avec impa-
» tience le printemps pour avoir un peu de froment vert, et
» pour envoyer le bétail sur des pâturages où l'herbe avait
» à peine un pouce de hauteur, et d'où les animaux reve-
» naient aussi affamés qu'ils y étaient allés, et dans un état
» semblable aux vaches maigres que Pharaon vit en songe. »

rut, en Angleterre, le système de Jéthro Tull et, plus particulièrement, quand Duhamel du Monceau s'occupa de le propager en France, par ses travaux, ses exemples et ses écrits.

Maintenant disons également quelques mots sur Jéthro Tull, puis nous examinerons son système et les considérations sur lesquelles il le basait.

Jéthro Tull était né en Angleterre, dans le comté d'Oxford, en 1680. Élevé pour le bareau, il fit d'abord son *Tour d'Europe*, mais en rentrant dans son pays, il se consacra à l'agriculture. Ses premiers essais, dans cette partie, ne furent pas heureux et il se vit contraint de vendre le domaine paternel, situé aux environs d'Oxford et sur lequel il s'était établi. Ce fut probablement alors que des raisons de santé le conduisirent de nouveau en France et en Italie, où il demeura environ 3 ans. Revenu en Angleterre, il se remit à l'agriculture et prit une ferme dans le Berkshire, où il poursuivit avec activité les expériences auxquelles il se livrait. En 1733, il publia, comme résultat de ces expériences et des observations faites pendant ses voyages, son grand ouvrage, *L'Agriculture à la houe à cheval.* C'est cette œuvre arrivée à Londres, en 1762, à la quatrième édition, qui établit la grande réputation de l'auteur et que

Duhamel fit connaître en France, par son *Traité sur la culture des terres*, publié en dix volumes, de 1753 à 1761.

Nous ne nous arrêterons pas aux détails que rapporte Duhamel, dans sa préface, sur une traduction qui avait aussi occupé le maréchal de Noailles, M. Otter, de l'Académie française, et le célèbre Buffon. Il nous semble plus intéressant, avant de passer outre, de rappeler le lieu et les circonstances qui furent l'occasion du système de Jéthro Tull.

Nous avons encore parmi nous bien des personnes qui se figurent aussi que le type unique de l'agriculture est dans les contrées du nord de l'Europpe, et que c'est de là seulement que peut nous venir le progrès.

Tout en rendant justice à l'agriculture septentrionale, pratiquée d'ailleurs sons l'influence de lois naturelles bien différentes des nôtres, nous conserverons, pour celle qui nous est particulière, qui vient de si haut et de si loin, que décrivent si exactement les auteurs géoponiques grecs et latins, qu'a si gracieusement résumé Virgile, enfin que commande et que favorise notre climat, toute l'estime qu'elle mérite, qu'elle justifie par plusieurs de ses produits et notamment par celui de la vigne.

On a vu ci-dessus que Jéthro Tull avait parcouru l'Europe, on a vu aussi que des raisons de santé l'avaient de nouveau ramené en France et en Italie. Or, c'est en France, dans ce qui est aujourd'hui le département de la Gironde, près de Bordeaux, que le célèbre agronome avait été témoin d'une opération agricole, qui donna naissance à son système de culture. Voici affectivement ce qu'un autre de ses compatriotes, non moins célèbre, Arthur Young, a écrit dans son *Voyage en France*, à la date du 25 Août 1787 : « Traversé Barsac, fameux aussi par » ses vins. On laboure maintenant avec les bœufs, » entre les rangées de ceps, *opération qui suggéra* » *à Jéthro Tull l'idée de sarcler les blés avec la* » *houe à cheval.* »

Ainsi c'est à Barsac, en voyant donner à la vigne une des façons annuelles qu'elle reçoit de temps immémorial, que Jéthro Tull conçut la première idée de son système; qu'il pensa, car telle est la base de ce système, qu'il pouvait suffire des travaux mécaniques donnés à la terre, pour assurer le développement complet des végétaux et la reproduction indéfinie de ceux-ci sur le même sol.

Il y avait effectivemement dans cette pratique, qui nous paraît si naturelle et si simple; il y avait pour lui, quelque chose de nouveau et qu'il n'avait pas vu dans son pays (1). Il y avait un concours prêté

______

(1) Ce n'est pas le seul caractère au surplus de l'agriculture

à la plante durant son développement et grâce à sa disposition en lignes, facile et économique. Son tort fut de supposer ce concours assez puissant pour dispenser de tous les autres, même de celui des engrais.

Une fois cette idée acquise, deux nécessités se présentèrent pour la rendre pratique.

Il fallait la concilier avec les lois de la physiologie végétale ;

Il fallait trouver les moyens mécaniques de son application.

La première de ces nécessités était moins embarrassante alors que de nos jours ; d'abord, parce

---

méridionale, capable de surprendre le cultivateur du Nord. Un autre anglais, encore connu par un important ouvrage, Adam Dickson (*L'Agriculture des anciens*) semble ne pa comprendre les dispositions, d'ailleurs si simple et si minutieusement décrites par Virgile, de la charrue, ou plus exatement de l'araire antique. L'absence de l'avant-train et des roues établit effectivement, entre cet instrument et celui usité dans tout le nord, une différence profonde.

Ne voyons-nous pas aussi l'abbé Delille, dont la traduction des Géorgiques est cependant si exacte et si élégante, commettre, sur ce même point, une erreur capitale ; placer aussi sur des roues, contrairement au texte, l'araire romaine :

De huit pieds en avant que le timon s'étende,
Sur deux orbes roulants que ta main le suspende.

que la physiologic égétale qu'avait, il est vrai, puissamment éclairée Hales (1), ne comptait encore les importants ouvrages, ni de Saussure (2), ni de Priestley (3), ni de Mustel, ni de Sénebier, etc..

En second lieu, parce que, à cette époque, les sciences naturelles étaient encore étudiées d'une manière abstraite et sans les applications nombreuses et particulièrement agricoles qu'on leur a données de nos jours.

Ce fut donc avec résolution et confiance que Jéthro Tull entreprit l'exposition des conditions naturelles de son système ; qu'il usa pour cela du raisonnement et, disons-le aussi, un peu de l'emportement, pour réfuter tout ce qu'il pouvait rencontrer de contraire à ses idées, tant chez les anciens que chez ses contemporains. Les auteurs géoponiques furent, de sa part, l'objet de nombreuses critiques et Virgile surtout, malgré les

---

(1) Physicien anglais, né en 1677, publia en 1727, la *Statique des végétaux.*

(2) Saussure (Théodore de) né en Suisse en 1767, mort en 1845. Auteur des *recherches chimiques sur la végétation.*

(3) Célèbre chimiste anglais, né à Fieldhead, près de Leeds, dans le Yorkshire, en 1733. Il constata le premier que les parties vertes des plantes versent dans l'air du gaz oxygène, sous l'influence de l'action solaire.

égards dus à la belle poésie et à la sincérité d'un simple narrateur, ne put échapper à tout le poids de son dédain. Parmi ses contemporains envers lesquels il se montra aussi très-sévère ; il faut citer le docteur Woodward (1) et Bradley (2).

Jethro Tull s'occupe d'abord des racines, et comme il s'agit dans cette étude uniquement d'agriculture, il ne les considère, selon Duhamel, que comme contribuant à faire profiter les plantes, à leur donner de la vigueur ; en un mot à les mettre en état de nous fournir abondamment ce qu'elles ont de plus utile pour nous. Il les distingue en pivotantes et en rampantes. Ces dernières surtout ont à ses yeux une grande valeur, par la propriété de s'étendre, de se multiplier et de puiser dans le sol l'alimentation végétale. Il fait remarquer au surplus que ces mêmes racines peuvent prendre un développement bien supérieur à celui que leur donne la culture ordinaire et tire de là un argument en faveur de son système.

------

(1) Philosophe et médecin anglais, né en 1665, auteur d'un *Essai de l'histoire naturelle de la terre.*

(2) Richard Bradley, médecin et botaniste anglais, mort en 1732. On a de lui grand nombre d'ouvrages estimés : le *Calendrier des Laboureurs et des Fermiers*; *Recherches sur le perfectionnement de l'agriculture et du commerce*, 1727, etc.

Passant aux feuilles, il les considère aussi comme très-nécessaires, mais sans aller néanmoins jusqu'à les associer d'une manière directe et comme le font de nos jours les physiologistes, à l'acte de la nutrition. Il blâme les cultivateurs qui font au printemps paître des blés trop avancés, ce que l'on nomme en langage de la pratique, *effaner*.

Peut-être y aurait-il ici une des causes du désaccord de Jéthro Tull avec Virgile. Celui-ci effectivement admet le cas où le laboureur doit mettre obstacle à la trop grande précocité du blé, par l'effanage :

> Tantôt pour empêcher qu'un frêle chalumeau
> Ne languisse accablé sous son riche fardeau,
> Dès qu'il voit des sillons sortir ses blés superbes,
> Il livre à ses troupeaux le vain luxe des herbes.

Comme pour les racines encore, l'auteur du système ne considérant les feuilles qu'au point de vue de la culture, laisse aux physiciens le soin de rechercher qu'elle est, d'une manière précise, leur rôle dans l'ensemble de la vie végétale.

Après les organes qui doivent procurer la nourriture aux plantes, le point le plus essentiel c'était la connaissance de cette nourriture elle-même : son origine, sa nature, les conditions dans lesquelles elle doit se rencontrer.

Ici, disons-le, la théorie, prise dans le sens que lui donnent les gens du monde et qui les porte tant à s'en méfier, occupe une large place dans le système. Deux points que l'on croyait lui être complètement acquis, l'usage des racines et l'opportunité des travaux physiques, devaient, sous peine de détruire tout ce qui avait été fait jusques-là, s'harmoniser avec la nouvelle constatation qu'il s'agissait d'exposer. Voilà pourquoi, au témoignage d'un ouvrage digne de foi (1), l'auteur éprouve quelques embarras, quelques hésitations. Il examine plusieurs des hypothèses émises par ceux qui l'avaient précédé et, sans pouvoir employer, pour condamner celles-ci, des raisonnements plus précis que ceux qu'il mit au service de ses propres hypothèses, il proclama que les *plantes se nourrissent de très-fines particules de terre*, s'appuyant pour cela, sur ce fait que, par la pourriture, les plantes se réduisent en terre. Il n'accorda plus au fumier, considéré jusques-là comme condition première de toute culture, qu'un rôle purement mécanique : celui de diviser la terre, de dissoudre, ce sont ses expressions, les matières terreuses qui fournissent l'ali-

(1) Celui de l'anglais **M. J.-C.** Loudon : *Encyclopédie d'Agriculture*, 1825.

mentation aux bouches de la racine des végétaux.

De son côté Duhamel , le grand apologiste , en France , du système qui nous occupe, disait sur ce point capital : « La terre dont nous parlons, n'est point une terre simple, élémentaire, ou un *caput mortuum*. Car on peut retirer des plantes tous les principes qu'on vient d'exposer. Cela bien entendu , on peut admettre que la terre est la principale nourriture des plantes, d'autant qu'on sait qu'une trop grande quantité de sel rend les terres stériles ; que trop d'eau noie les plantes , et les fait tomber en pourriture, et que trop d'air et de chaleur les dessèche (1). »

Des assertions de ce genre paraîtraient bien extra-ordinaires de nos jours, depuis qu'il est acquis que les feuilles concourent aussi à l'alimentation des plantes ; que la portion solide et terreuse des matériaux qui constituent celles-ci, est, comparativement aux autres, extrêmement réduite ; et que nulle substance solide, pour aussi fine qu'on la suppose , ne peut pénétrer dans leur intérieur : seuls les gaz et les matières dissoutes dans l'eau y ayant accès.

Nous ne croyons pas qu'il soit nécessaire de nous

____

(1) *Traité de la culture des terres* , édition de 1755 , t. I, p. 25.

arrêter sur quelques autres questions du même genre que traite encore l'auteur, ainsi que Duhamel, telles que les suivantes : Si les plantes se nourrissent toutes d'une même substance qu'elles tirent de la terre ; comment se fait la distribution de la nourriture de ces plantes dans l'intérieur de la terre ? etc... Terminons cet exposé rapide de la théorie du système de Jéthro Tull, par la conclusion que tire Duhamel de la dissertation dont nous venons de signaler les points les plus essentiels : « Concluons donc, dit-il, qu'il est possible de se procurer tous les ans une bonne récolte de froment, dans une même terre. Il ne faut pour cela que multiplier les labours ; que diviser suffisamment les molécules de terre ; que mettre les plantes en état d'aller ramasser, dans la terre, la nourriture qui leur est nécessaire ; qu'empêcher les mauvaises herbes de la dérober à celles qu'on cultive, et enfin, que de ne pas mettre dans un champ plus de plantes que la quantité qui peut y subsister. On satisfera à toutes ces conditions, en adoptant la nouvelle façon de cultiver les terres (1). »

Certes, de telles promesses devaient d'autant plus séduire, que les pratiques à suivre pour les voir se

____

(1) *Traité de la culture des terres*, t. 1. p. 46.

réaliser, nous allons nous en convaincre, n'étaient, en définitive, ni bien nombreuses, ni bien difficiles. Voici encore comment les résumait Duhamel. « Il faut d'abord labourer les terres à 8 ou 10 pouces de profondeur : M. Tull propose pour cela de se servir d'une forte charrue qui a quatre coutres et un soc fort large ; les charrues ordinaires peuvent produire le même effet que cet instrument ; quand la terre est bien préparée, il la faut semer ; mais au lieu de jeter beaucoup de semence à la main et sans précaution, il la faut distribuer par rangées, suffisamment écartées les unes des autres, et y placer les grains à la profondeur et à des distances convenables ; c'est ce qu'on peut faire promptement par une seule opération avec un semoir, dont on trouvera la description dans cet ouvrage. Enfin, à mesure que les plantes croissent, il faut labourer la terre qu'on laisse entre les rangées ; ce qui se fait avec une charrue légère qui n'a point de roue et au moyen de laquelle on peut labourer tout près des rangées, sans endommager le grain (1). »

Nous pourrions, à l'exemple des écrits de l'époque, entrer sur tout cela dans des détails bien plus circonstanciés ; mais comme il ne s'agit plus de

---

(4) *Traité de la culture des terres*, t. I, Préface.

l'application du système, il suffira sans doute de donner une idée générale des moyens de sa mise en œuvre. Disons néanmoins qu'il y eut assez longtemps hésitation, tant sur le nombre de rangs de blé à semer sur les planches, que sur l'espacement de ces rangs entr'eux. Il paraît cependant que l'on s'arrêta au nombre trois et que cet espacement fut fixé à sept pouces (0^m 18.)

Quant aux grains de blé eux-mêmes, il avait été d'abord prescrit d'observer, de l'un à l'autre sur la même ligne, une distance également de sept pouces. Cependant, par suite de remonstrances nombreuses, de la part des expérimentateurs, adressées tant à Jéthro Tull qu'à Duhamel, on toléra quatre, trois pouces et même moins, à cause de la convenance de ménager des remplaçants à ceux qui pourraient venir à manquer.

La régularité de ces arrangements pouvant permettre, exigeant même, l'emploi d'instruments d'une certaine précision, le semoir, comme on vient de le voir, fit partie des appareils considérés comme indispensables dans l'application rationnelle du système.

Bien que ces sortes d'instruments fussent déjà connus, Jethro Tull d'abord, Duhamel, Lullin de Châteauvieux et autres ensuite, leur donnèrent une grande vogue. « Je pris originairement, nous dit le premier, de grandes peines et fis passablement de dépenses pour perfectionner mes semoirs (en anglais *drills*) de manière à planter les rangées à de très-petites distances, et je les avais amenés à une telle perfection, qu'un cheval traînait un semoir à onze socs, traçant les lignes à trois pouces et demi les unes des autres, et en même temps déposant dans ces lignes, trois sortes différentes de semences, sans les confondre et, qui plus est, à des profondeurs différentes. »

La figure ci-après résumera les détails divers dans lesquels nous venons d'entrer et qu'il serait inutile sans doute de pousser plus loin. C'est la coupe transversale d'un champ de blé, représentant, au milieu, une planche ensemencée, à droite et à gauche, les plates-bandes séparant cette planche de ses voisines.

CULTIVE
A LA HOUE A CHEVAL
A LA MAIN
A LA HOUE A CHEVAL
0,80
0,80
0,60
0,80
0,80
PLATE-BANDE
PLANCHE
PLATE-BANDE
BANDE COMPLETE 2,20

Une fois le grain semé dans les conditions ci-dessus avec une économie de semence facile à comprendre, et dont nous aurons des exemples ci-après, venaient les labours d'entretien, c'est-à-dire les opérations capitales du système, celles en vue desquelles tout le reste avait été disposé : « le principe le plus certain et le plus incontestable de la nouvelle culture, étant qu'il faut rendre les terres très-meubles par de bons et fréquents labours et par des cultures répétées (1). »

Ces labours devaient être faits sur les plates-bandes et sur les planches, entre les rangs de blé. Ces derniers ne pouvaient être exécutés qu'à la houe à main; quant aux autres, il était facile d'y employer des instruments divers.

Ici encore se trouva une occasion d'exercer le génie inventif de Jéthro Tull, de Duhamel, de Châteauvieux, et d'une foule d'autres. Nous aurions beaucoup à dire, si effectivement nous voulions seulement nommer et décrire sommairement tous les instruments qui furent proposés et employés avec plus ou moins de succès pour les labours des planches. Depuis les charrues ordinaires ou perfec-

---

(1) *Traité de la culture des terres*, t. IV, p. 285.

tionnées, jusqu'aux houes à cheval (1) aux simples cultivateurs (2), etc.

On peut juger de cette fécondité par les planches nombreuses, comprises dans les six volumes de Duhamel, sur la *Culture des terres*, et par ce que dit Arthur Young, de sa visite au château de *Denainvilliers*, ancienne propriété du célèbre agronome français, le 13 septembre 1787, c'est-à-dire cinq années après la mort de ce dernier.... « Ayant appris, de l'ouvrier qui me guidait, que les instrutruments en usage, du temps de M. Duhamel, existaient encore dans un grenier, j'allai avec plaisir les voir, et je trouvai, autant que je me le rappelle, qu'ils avaient été parfaitement représentés dans les planches qui en ont été données par leur ingénieux auteur. Je fus satisfait de les voir mis en réserve jusqu'à ce qu'un autre fermier-voyageur, aussi en-

---

(1) Imaginée d'abord par Duhamel, perfectionnée par les Anglais, sous le uom de *horse-hoe*, la houe-à-cheval, est une sorte de petite charrue, avec un ou plusieurs socs plats, une, deux ou sans roues et tirée par un cheval. Elle sert à biner les plantes.

(2) Le *cultivateur* fut inventé par Châteauvieux. Il n'a qu'un soc et une seule roue ; c'était l'ébauche du *horse-hoe* ; son emploi est le même, ainsi que son genre de traction. Il peut passer plus facilement que la houe à cheval entre les rangs des plantes cultivées en lignes.

thousiaste que moi-même, contemple les vénérables reliques d'un génie bienfaisant (1). »

Maintenant, voici quels étaient le nombre et l'ordre des labours que l'on donnait au blé pendant le cours de son développement, dans le triple but de préparer dans la terre la matière qui devait l'alimenter, de favoriser aux racines la perception de cette matière, de le défendre contre l'envahissement des herbes.

On commençait les labours d'entretien par celui dit *labour d'hiver*; « il donnait de la vigueur aux jeunes plantes et les faisait taller (2). »

Le second se donnait au printemps et prenait le nom de *labour de printemps;* « il donnait beaucoup de vigueur aux plantes dans une saison où elles sont ordinairement jaunes et languissantes et dans laquelle elles devraient être vigoureuses (3). »

Le troisième se donnait à l'été et prenait le nom de *labour d'été;* « il faisait que chaque tuyau portait un épi, et le quatrième aussi d'été, rendait les épis longs et bien chargés de grains (4). »

---

(1) *Voyage en France pendant les années 1787, 1788 et 1789*, t. I. La terre de *Denainvilliers* est située dans le département du Loiret, près de Pithiviers.

(2, 3, 4) *Traité de la culture des terres*, t. I, p. 216.

C'est sous l'influence de cet ensemble de pratiques que l'on atteignait le moment de la moisson ;
laquelle, au dire de Jéthro Tull, devait donner plus
de grain que si la terre, comme le faisait la méthode
traditionnelle, eût été semée en plein.

Ici encore, à l'appui de cette assertion, nous
pourrions rappeler des exemples sans nombre, ras-
semblés dans les écrits de Duhamel. Nous pourrions
faire observer, avec lui, que les terres semées en
plein ne l'étaient, selon les règles du système triennal, que tous les trois ans, tandis qu'avec la nouvelle méthode elles l'étaient constamment par tiers ;
que, de plus, le blé était toujours placé sur un sol
neuf, ou rendu tel, par les labours et recevait des
cultures qu'il n'avait pas dans le mode ordinaire.

Il est vrai cependant, et l'on en convenait, que
tous ces perfectionnements donnaient lieu à des
frais plus considérables. Ainsi, calculées sur deux
hectares, la nouvelle culture avait coûté en bloc
311 fr., et l'ancienne, 257 seulement. Différence
en moins pour celle-ci, 54 fr. !

Sur ce point apparaissait un des plus grands vices
du système. Contrairement à l'opinion des anciens,
si bien exprimée par Pline (1), on traitait la terre

---

(1) « Les anciens disaient une chose qui semblera témé-

comme le font l'horticulture, la floriculture, etc.;
comme on la traite dans ces exploitations, pour
lesquelles le sol n'est qu'un agent purement passif, un simple moyen pour l'exercice d'une industrie que la valeur des produits met en position
de négliger les lois de l'économie : toujours si im-
portantes, toujours si impérieuses au contraire en
grande culture.

Il était deux choses encore que le système de

» méraire, et peut-être même incroyable, savoir : qu'il n'est
» nullement avantageux de si bien cultiver sa terre. Lucius
» Tarius Rufus, homme de très-basse naissance, et qui,
» néanmoins parvint au consulat à cause de son habileté
» dans la guerre, était extrêmement ménager, de sorte qu'il
» amassa tant de ses épargnes que des libéralités de l'empe-
» reur Auguste, environ cent millions de sesterces (évalués
» à dix millions de notre monnaie), qu'il employa à acheter
» des terres et à les faire cultiver dans la dernière perfec-
» tion ; mais il s'épuisa et se ruina tellement par ce moyen,
» que personne ne voulut se porter pour son héritier. Qu'en
» conclure ? Que l'on doive, en vertu d'un tel exemple, né -
» gliger la culture de ses terres et se laisser mourir de faim?
» Non, très-certainement, non ; mais je dirai qu'il faut en
» toutes choses garder un juste milieu. Il est nécessaire de
» bien cultiver la terre ; mais il est préjudiciable d'y apporter
» trop de façon. *Bene colere necessarium est ; optime, dam-*
» *nosum.. »*

(Pline : *Hist. nat.* livre **XVIII**, ch. 6.)

Jéthro Tull ne condamnait pas il est vrai d'une manière absolue, mais auxquelles sa théorie ôtait une grande partie de l'importance qu'elles avaient eues jusque-là : les engrais et les successions de cultures.

Le rôle tout spécial accordé à la terre, dans la nutrition des végétaux; l'action capitale attribuée aux labours, pour la préparation et l'entretien de ce qu'exigeait cette nutrition, ne laissaient effectivement que peu de place aux engrais. On pouvait les supposer inutiles et grand nombre de partisans du système, paraissaient être arrivés à cette conclusion. Nous devons dire cependant que telle n'était pas l'opinion de Duhamel, comme le prouvent les paroles suivantes. « Quoiqu'on ait vu ci-devant, que M. de Châteauvieux et plusieurs autres cultivateurs, ont obtenu des récoltes satisfaisantes, sans le secours d'aucun engrais, nous n'avons cependant point cessé d'avertir que les engrais sont toujours avantageux et qu'il ne peut être que très-profitable de les joindre à la bonne culture (1). »

Quant aux successions de culture, aux changements d'emploi des terres, conditions qu'avait démontrées l'expérience des siècles et que Virgile mentionnait en ces termes :

---

(1) *Traité de la culture des terres,* t. V, ch. 1.

La terre ainsi repose en changeant de richesse.

Jéthro Tull croyait y satisfaire suffisamment, par le déplacement qu'en effet il lui était très-facile de faire chaque année des parties du champ qui venaient de produire, par la substitution de la plate-bande à la planche et réciproquement.

Toutefois cet assujettissement même ne lui paraissait pas bien nécessaire : « Mon champ, disait-il, qui porte maintenant sa troisième récolte de blé, a montré que les lignes peuvent avec succès occuper n'importe quelle partie du terrain..... Nonobstant cela, il n'y a aucune différence dans la bonté des lignes, tout le champ est égal dans toutes ses parties et donnera la meilleure moisson, je crois, qu'il ait jamais portée. »

Nos contrées encore offrent un usage analogue à celui que cherchait à propager Jéthro Tull et qui devait paraître partout ailleurs une hardie nouveauté. Dans la lande, où la terre est un agent complètement passif de la production agricole, où *l'on sème*, comme le disait M. le vicomte de Métivier, *presque sur couche*, on voit le même champ produire tous les ans, simultanément, deux récoltes de grains, du seigle et du mil. Pour maintenir cette production, indépendamment du fumier toujours abondant, deux moyens sont employés, comme dans le système de Jéthro Tull : des façons nombreuses, et que nous ne pouvons que mentionner ici, données à ces deux céréales pendant leur croissance ; le soin de substituer annuellement la raie du seigle à celle du mil et réciproquement.

Sans pousser plus loin des détails qui nous semblent suffisants pour donner une idée du système de culture de Jéthro Tull, de la hardiesse de ce système, de l'entraînement auquel il donna lieu et de l'appui que lui prêtèrent les circonstances du moment ; sans nous arrêter à démontrer la fausseté de plusieurs des principes sur lesquels il reposait : comme la nourriture du végétal exclusivement fournie par la terre, et de l'exagération de plusieurs autres : comme la grande puissance des labours pour suppléer à tous les moyens de culture, jusque là employés, même à celui des engrais ; sans, disons-nous, nous arrêter aux explications nombreuses que pourrait comporter chacun de ces détails, — rappelons quel fut, principalement dans la ci-devant province de Guienne, dans le pays Bordelais, l'accueil fait au système de Jéthro Tull, à la *nouvelle culture*, comme on le disait alors.

Ce souvenir nous fera comprendre que ce n'est pas de nos jours seulement que date la sollicitude si légitime et si justement intéressée des détenteurs du sol, pour en tirer le meilleur parti possible. Il nous fera comprendre aussi combien il faut être prudent et retenu, quand il s'agit de systèmes dont l'adoption comporte d'abord la condamnation de tout ce que l'on devait à la tradition, à l'expérience, à l'observation, au calcul des siècles.

D'abord, faisons observer qne le système de Jéthro Tull n'eut que très-peu de partisans en Angleterre, pendant plus de trente ans : le semis des turneps au semoir et leur culture à la houe-à-cheval, tout-à-fait dans l'esprit de ce système, n'ayant été introduits dans le Northumberland, venant d'Écosse, que vers 1760. Il est vrai qu'il y a en cela une nouvelle démonstration de ce proverbe, vrai partout, vrai en tout, et vrai toujours : *Nul n'est prophète dans son pays !*

Mais d'un autre côté aussi, ce système rencontra dans le reste de l'Europe et particulièrement en France l'admiration et l'enthousiasme que devaient lui assurer sa hardiesse et, disons-le aussi, son origine étrangère.

On aura d'abord une idée de ces excellentes dispositions, à son égard, par quelques vers du poète que nous avons déjà cité. C'est à la poésie effectivement qu'a toujours appartenu le privilége de se faire l'interprète de pareils sentiments :

De vos greniers étroits, que les murs s'élargissent ;
Enfants du même grain, deux mille grains mûrissent.
Quel mortel eût osé se flatter d'un espoir,
Que l'humaine nature a peine à concevoir?

En tête des grands propagateurs de la nouvelle culture, nous avons déjà cité Duhamel du Monceau (1), en France ; Lullin de Châteauvieux (2),

---

(1) Né à Paris, en 1700, mort en 1780, Duhamel du Monceau fut l'un des savants les plus laborieux et les plus féconds du XVIIIᵉ siècle. L'agriculture en particulier lui doit de très-importants ouvrages; son *Traité sur la culture des terres* : son *Traité des arbres et arbustes qui se cultivent en France*, 1755; son *Traité des arbres fruitiers*, 1768, etc...

Elle lui doit les longues et minutieuses expériences auxquelles il se livra pendant longtemps sur sa terre de *Denainvilliers*. Arthur Young qui visitait cette terre, comme nous l'avons dit, en 1787, y signalait aussi, « une collection d'ar-
» bres exotiques très-curieux, en bon état, et le long des
» chemins ; près du château, plusieurs avenues de frènes,
» d'ormes et de peupliers plantées par Duhamel. Toutes cho-
» ses, ajoutait-il, qui prouvent que si cet infatigable auteur a
» échoué dans quelques-unes de ses entreprises, la Cour ne
» s'en est pas moins honorée, en le récompensant et ne le
» laissant pas, comme tant d'autres, chercher dans l'obscurité
» le prix que l'industrie obtient de ses propres efforts. »

(3) Né à Genève en 1695, mort au même lieu en 1781, il accomplit de grands travaux d'agriculture, inventa plusieurs instruments aratoires et publia d'importants ouvrages. Un de ses illustres compatriotes, Ch. Bonnet, disait de lui : « Cincinatus dans les conseils, il l'est encore dans la campagne. »

en Suisse. Le premier de ces hommes dévoués avait traduit, nous l'avons dit aussi, l'ouvrage de Jéthr Tull et de plus, dans une publication qui fut continuée de l'année 1753 à l'année 1761, il s'appliqua à en développer les principes; à faire connaître les résultats de ses expériences, de celles de Château-vieux et de tous ceux qui voulurent lui fournir des communications analogues. C'est dans cet ouvrage que nous trouvons les communications particulières à notre pays. Elles méritent d'être citées , à cause des hommes dont elles émanent, des idées qu'elles font connaître et des résultats qu'elles accusent.

La première communication émanant du pays Bordelais, fut faite à Duhamel par M. de Gourgue l'aîné, conseiller au Parlement de Bordeaux. Elle l'informait, à la date du 11 septembre 1751 , qu'une dame veuve, habitant l'Entre-deux-Mers, avait depuis plusieurs années réduit de moitié la semence qu'on avait l'habitude de jeter sur ses terres et que néanmoins ses blés s'étaient trouvés plus abondants et plus beaux que ceux de ses voisins (1). D'où la preuve que, sur ce premier point et comme l'avançait Jéthro Tull, il était possible de faire une grande économie.

____

(1) *Traité de la culture des terres*, t, II, p 59.

Une autre et beaucoup plus complète expérience
dont le même correspondant rendait compte , était
celle faite par M. Conilh , l'un de ses collègues au
Parlement. Ici les dispositions avaient été celles
prescrites par le système et leur application avait eu
lieu comparativement avec la méthode locale, toujours dans l'Entre-deux-Mers. Trois onces de froment en avaient produit 920 , ce qui faisait dire à
M. de Gourgue « que cette expérience était admi-
rable pour prouver combien il faut peu de semence
pour obtenir une abondante récolte, lorsqu'on sub-
vient au besoin des jeunes plantes par une bonne
culture » (1).

L'année suivante , le 4 janvier 1752 , le même
M. de Gourgue l'aîné apprenait à Duhamel que, dans
un terrain marécageux et très-fort, situé près de la
Garonne , au Bec-d'Ambez , une expérience dans
laquelle même on avait négligé les labours pres-
crits, avait néanmoins donné 400 grains de blé par
chaque grain mis en terre (2).

Vers le même temps, Duhamel était informé, par
M. Navarre , doyen de la cour des Aides de Bordeaux , que des essais de la culture, dont il était le

---

(1) Même ouvrage, t. II, p. 57.
(2) Même ouvrage, t. II, p. 87.

propagateur, avaient donné, l'un 306 et l'autre 315 pour un. « Cela paraît prodigieux, ajoutait le correspondant, et n'en est pas moins vrai (1). »

C'était encore M. Navarre qui relatait les expériences suivantes :

Par M. Conilh, qui avait obtenu 415 grains pour un ;

Par lui-même, qui s'était convaincu, qu'il était encore plus avantageux de ne mettre que deux rangées de blé sur les planches, au lieu de trois ;

Par Mme la présidente d'Augeard, qui en avait obtenu des résultats non moins satisfaisants (2).

Plus tard, on voit encore M. de Gourgue l'aîné, relater avec soin des expériences faites dans la commune de Quinsac, « par un de ses amis, cultiva-» teur intelligent et assidu, » pendant les années 1751, 1752, 1753, et arriver à cette conclusion, que, par la nouvelle culture, on peut obtenir la même récolte que par l'ancienne, mais et sans l'avoir il est vrai suffisamment vérifié, avec beaucoup moins de semence et avec plus de frais (2).

D'autres communications d'un très-haut intérêt

---

(1) Même ouvrage, t II, p. 88.
(2) Même ouvrage, t. II, p. 348.
(3) Même ouvrage, t. III, p. 67.

étaient faites à Duhamel par le docteur J. B. Aymen,
non de Bordeaux comme il est dit dans l'ouvrage,
mais de Castillon sur Dordogne. Le docteur Aymen
s'était acquis une grande réputation dans son art,
qu'il avait étudié successivement à Montpellier et à
Paris. Grand botaniste, il était en correspondance
avec Linné et avec Jussieu, l'auteur de l'immortel
ouvrage *Genera plantarum*. Les expériences et observations d'Aymen embrassaient la culture du froment, celle du maïs et celle du mil.

Nous ne pouvons ici qu'indiquer simplement des
expériences qui n'ont plus en réalité qu'une valeur
historique; mais nous donnerons une idée de l'importance qu'elles offrirent alors, en citant les paroles que mit à leur suite Duhamel : « Comme l'étude
de la physique est indispensable pour pouvoir exercer la médecine avec honneur, on vient de voir que
M. Aymen, qui s'applique avec succès aux parties
de cette science, qui ont rapport à sa profession, ne
néglige cependant point celles dont l'objet est encore plus généralement utile à tous les hom.-
mes (1). »

Au surplus, tout ce qui avait été fait dans le pays
bordelais avait eu, aux yeux de Duhamel, une très-

---

(1) Même ouvrage, t. III, p. 213.

grande valeur : soit qu'il se fut agi de l'ensemble de la nouvelle culture, ou seulement de l'économie de semence qu'elle devait procurer. Il disait dans la préface de son troisième volume (1754) : « Les épreuves ont été beaucoup multipliées et très-variées aux environs de Bordeaux; elles ont eu un bon succès. » Il déclarait aussi que celles faites dans le Bayonnais avaient été très-instructives.

Certes, des efforts aussi grands, aussi multipliés, aussi soutenus; des efforts auxquels s'étaient associés les hommes les plus marquants de l'époque et jusqu'à Voltaire lui-même, devenu, comme on sait, cultivateur au château de Ferney (Ain) :

« Choiseul est agricole et Voltaire est fermier. »

De tels efforts, disons-nous, auraient dû assurer le succès de la hardie innovation de Jéthro Tull et justifier la théorie sur laquelle il l'appuyait.

En réalité, il n'en fut pas ainsi. Nous l'avons déjà dit : en physiologie végétale, de graves objections pouvaient lui être faites, bien que les principes de la science contre lesquels elle venait se heurter n'eussent pas reçu encore, de celle-ci, toute l'autorité qu'ils acquirent plus tard. En pratique agricole, le système nouveau donnait lieu aussi à de nombreuses observations, de la part de ceux qui tiennent compte de ce que *fait tout le monde*, selon les expressions de Mathieu de Dombasle, et qui soupçonnent, non sans raison, dans cette unanimité de moyens une certaine raison d'être. Dans nos contrées, voici ce qu'écrivait un homme à qui nous devons un ouvrage intéressant, sur l'agriculture de la Guienne à cette époque : « J'approuve beaucoup ceux qui s'appliquent à expérimenter la *nouvelle culture*; mais je crois devoir les avertir qu'il faut semer plus ou moins de blé, suivant les années. Lorsque l'année est sèche, il en faut moins, et j'ai réussi en ne mettant que la moitié de la semence ordinaire. Mais quand l'année est fort humide, il faut du moins, dans ce pays-ci, un tiers de plus qu'on n'en sème ordinairement.... J'ajouterai que dans un pays où il faut souvent acheter de la paille, où elle est fort chère, et à proportion plus que le blé, cet inconvénient diminue beaucoup les avantages de la *nouvelle culture* (1).... »

En résumé, il y avait dans ce système un vice radical que devaient finir par démontrer ses applications expérimentales, quels qu'eussent été d'ailleurs les premiers résultats de celles-ci. Il y avait

---

(1) Le chevalier de Vivens, de Clairac : *Observations sur l'agriculture de la Guienne*, 1756, t. II, p. 65.

une prédominance dangereuse, impossible, donnée
à l'une des deux grandes forces qui doivent toujours
s'équilibrer pour le bien de l'agriculture : à la force
physique, celle qu'exprime l'emploi des outils et
instruments aratoires, sur la force chimique, celle
qu'expriment les amendements, stimulants et engrais.

« Or, si l'on examine les séries d'expériences qui
remplissent les volumes de Duhamel, on s'aperçoit
que le succès devient d'autant plus douteux que les
essais se prolongent et que l'on finit toujours par
y renoncer. La méthode n'aurait pu résister si longtemps à la comparaison avec une bonne culture
aidée d'engrais (1). »

Toutefois, ne soyons pas ingrats à l'égard des
hommes qui se sont trompés sans doute, mais dont
les idées étaient grandes, les sentiments généreux,
les vues patriotiques. Reconnaissons aussi que de
leurs travaux et de leurs exemples sont sortis des
enseignements précieux et qui n'ont pas été étran-
gers aux progrès que l'agriculture a faits depuis.

Duhamel, on le sait, est une des gloires scienti-
fiques de notre pays, et, quant à Jéthro Tull, et
comme le dit encore l'habile agronome que nous

---

(1) Comte de Gasparin, *Cours d'Agriculture*, t. III, p 400

venons de citer, « c'est à lui qu'il faut rapporter le système perfectionné des cultures en lignes et des sarclages avec des instruments mus par des animaux : système qui est maintenant la base de l'agriculture perfectionnée (1). »

Une conclusion cependant peut être tirée de tout ce qui précède, et nous le signalerons avec une entière confiance. Combien de plaintes ne furent pas portées alors contre les simples praticiens qui montraient de la défiance à l'égard de la nouvelle culture ; combien peu on leur épargna les épithètes désobligeantes dont on use encore de nos jours à leur égard ? Comme on le disait alors, ils avaient tort de se montrer froids et circonspects, quand s'ouvrait devant eux un avenir si brillant ; quand leurs usages surannés pouvaient être remplacés par des procédés plus simples, plus faciles, plus sûrs, plus avantageux. Et cependant, qui ne frémit à l'idée des résultats qui auraient pu suivre un tel changement ; à l'idée de l'épuisement qu'aurait pu en recevoir la terre, à celle des disettes et des famines vers lesquelles on eut inévitablement marché !

---

(2) Même ouvrage, p. 397.

Depuis plusieurs années, nous nous sommes appliqué, en ouvrant chacun des exercices de notre enseignement, à traiter un sujet en rapport avec l'histoire agricole de la localité. — Sans remonter au-delà de dix ans, voici quels ont été ces sujets :

1858. — Histoire de la réputation des vins de Bordeaux. — 1859. — L'origine et l'extension successive du commerce des vins de Bordeaux. — 1860. — Le régime des vins à Bordeaux au temps des priviléges de cette ville. — 1861. — L'origine méridionale des concours et solennités agricoles. — 1862. — Un voyage agricole dans le Bordelais, en 1787 (Arthur Young). — 1863. — L'Épizootie de 1774. — 1864. L'inondation de la Garonne de 1770. — 1865. — Opinions et écrits agricoles de maître Bernard Palissy, ouvrier de terre, etc. — 1866. — L'origine du froment. — 1867. — La viabilité dans le pays bordelais, avant le XIXe siècle.

Tous ces sujets se lient d'une manière plus ou moins directe à l'histoire agricole de notre pays et prouvent combien a toujours été grande et sérieuse son intervention en cette matière.

ENSEIGNEMENT AGRICOLE

Le Préfet de la Gironde, Commandeur de l'Ordre Impérial de la Légion-d'honneur,

Donne avis que les Leçons publiques et gratuites du *Cours d'Agriculture* de Bordeaux, Professeur M. Aug. Petit-Lafitte, seront reprises, pour l'Exercice 1868-69, le Mardi 10 Novembre, à 7 heures $^1/_2$ du soir, dans l'amphithéâtre spécial du Musée de la Ville, rue J.-J. Bel, au fond de la cour, pour être continuées :

Tous les Mardis suivants, à la même heure, pour les démonstrations orales ;

Tous les Jeudis suivants, à trois heures, pour les démonstrations expérimentales.

Le Préfet de la Gironde,

Comte de BOUVILLE.

Bordeaux, le 14 Octobre 1868.

PROGRAMME

DES LEÇONS DE L'EXERCICE 1868- 69

I. Leçons.

1° Leçons du soir (Mardis à 7 heures et demie). Elles auront pour sujet, les plantes alimentaires dites *Céréales*, Froment, etc. — Leur classification et description botaniques. — Leur histoire. — Leur importance ancienne et moderne. — Leur culture. — Leurs produits. — Les propriétés, valeur, altérations et falsifications de ces produits. — L'histoire de la législation des blés, tant en France que sous l'ancienne Municipalité bordelaise.

2° Leçons du jour (Jeudis à 3 heures). Elles auront pour sujet, les *insectes* déprédateurs de nos récoltes et les insectes et autres animaux protecteurs de ces mêmes récoltes. — L'exposition des principes d'histoire naturelle que comporte un tel sujet. — Les considérations économiques et autres qui s'y rattachent.

Dans ces dernières leçons surtout, de nombreux échantillons seront mis sous les yeux des auditeurs, afin d'en rendre le texte plus clair et plus complet.

II. Excursions.

De temps en temps, des excursions, que rendent si faciles les chemins de fer, auront lieu, afin de visiter

(48)

les localités du département les plus propres aux études
agricoles, et à la démonstration des explications données dans les leçons. Durant cet exercice, si le temps
le permet, ce mode d'instruction pourra recevoir plus
de développement et comprendre même jusqu'aux départements voisins, pour apprécier sur place quelques
circonstances agricoles d'un haut intérêt.

III. Certificats d'Études.

Pour assurer à ceux des auditeurs qui le désireront,
un moyen de constater leurs études agricoles, un cer-
tificat de présence aux leçons, *une sorte de diplôme*,
leur sera délivré à la fin de l'exercice. Cette pièce porte
la signature du Professeur, et celle de M. le Préfet,
représentant direct dans le département de la Gironde,
de S. Exc. M. le Ministre de l'Agriculture, du Commerce et des Travaux publics.

IV. But et Nature de l'Enseignement.

Dans les leçons du Cours d'Agriculture, les explications sans cesse d'être simples et pratiques, se main-
tiennent toujours au niveau auquel a été élevée de nos
jours l'Agriculture, par le progrès et le concours des
autres sciences naturelles; au niveau que commande
nécessairement un auditoire de ville, essentiellement
composé d'hommes ayant déjà fait des études plus ou
moins sérieuses et appelés à la direction d'établisse-
ments ruraux.

Complément avantageux et souvent indispensable de

l'instruction universitaire, préparation aux écoles impériales d'Agriculture, cet enseignement offre aux propriétaires ruraux d'utiles indications , aux jeunes gens appelés à le devenir, de précieuses notions; à tous , des connaissances de plus en plus indispensables dans la société et dans les corps délibérants que comporte notre forme de gouvernement.

V. Instructions imprimées et Graines fourragères , etc.

Dans le cours de l'Exercice, il est distribué aux auditeurs des instructions imprimées, soit sur des sujets traités aux leçons, soit sur d'autres également capables de les intéresser.

Il est fait aussi des distributions de graines de grande culture, conformément aux intentions de l'Administration départementale.

Dans la première séance (10 Novembre, à 7 h. et demie le Professeur distribuera son programme et son discours d'ouverture. Ce dernier ayant pour sujet : *Le Système de culture de Jéthro Tull , dans le pays Bordelais au siècle dernier*.

Il distribuera aussi une variété de vesce (*la Vesce velue*), à semer immédiatement pour fourrage.

Maison Lafargue : Coderc , Degréteau et Poujol , succ.

Bordeaux. — Imp. de F. Degréteau et Cie